欧式典藏系列

EUROPEAN 欧式商务会所

European Business Club CLASSIC

解 读 经 典 品 味 欧 式

中国林业出版社
China Forestry Publishing House

Contents

目录

瑞居 绿岛

RUI JU, Green Island

设计师：赵学强

项目地点：四川省成都市

项目面积：1117 平方米

摄 影 师：吴永长

项目位于大成都唯一真正岛屿上。项目风格创作上以 Art Deco 为基础，以更加简练、现代的手法，对单一的拱形进行变异、重叠、交错，创造一个兼具传统风格和时代性的独特空间。引入多媒体影像科技，把目标客群对岛屿和欧式建筑的想象展示出来。空间里的水、光影、城堡等元素相衬相融，营造浪漫不失严谨、圣洁不失趣味的岛居生活意境。

提取欧式建筑的核心元素，由拱开始由拱结束。秉持少即是多的核心理念，用椭圆线条完成空间所有设计，包括家具、图形、造型等等。

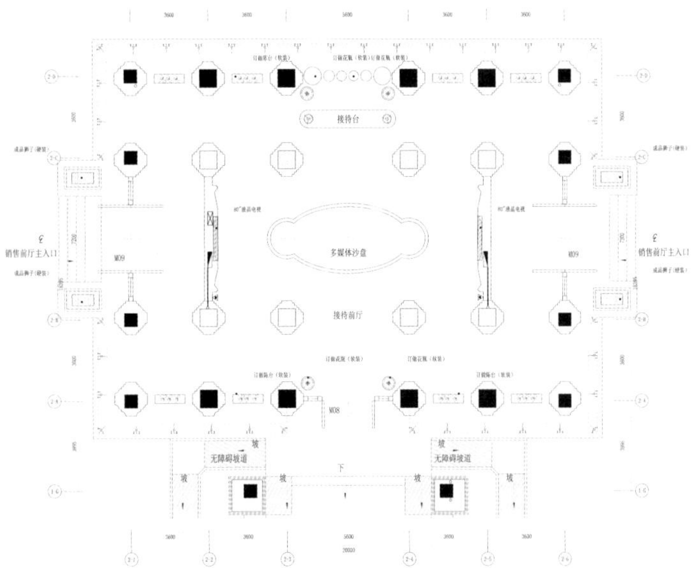

一层平面布置图

中海锦龙湾售楼处

Changzhou Sales Office

设计师：桂峥嵘

项目地点：江苏常州市

项目面积：460 平方米

本案将常州中华恐龙园的自然与风情纳入生活，入则宁静，出则繁华，于都市之间实现自然之境。

我们在平面图布置以及概念的时候就决定将一层所有墙体打开做，所有剪力柱做成通高的门套，一个个门套看似分割空间，然而通过天花地坪的统一实则使各个空间连贯，借鉴了 Art Deco 的建筑元素，以及融入了孔雀尾的图案在整个空间内。

用黑色石材与深木色来压住大面积的米色白色材料。点缀草绿色与柠檬黄的搭配使空间更活泼。灯光与门套结合的运用是本方案成功的地方。大面积 Art Deco 风格的油画，提升空间的艺术气质。

中海锦瓏湾
中海锦瓏湾

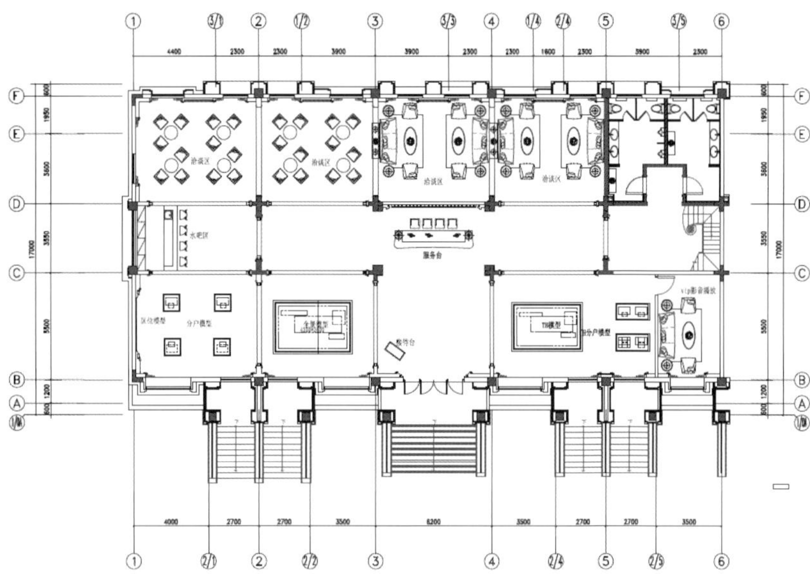

一层平面布置图

西情东韵

Wuxi Lake Villa Show Room

设计师：杜柏均

项目地点：江苏省无锡市

项目面积：600 平方米

摄 影 师：温蔚汉　李玮健

本户型展现的是静、雅、秀、逸的和谐韵味，以白色及蓝色为基调，节制而内敛。艺术品的选择及文化哲学的高超运用皆体现了点、线、面严谨的对比呼应。

欧洲家具的布置，演绎了设计师对神秘而典雅东方风情执着的认知，以中西结合的设计理念成就了复古的整体风格和大气、兼容并蓄的表达，可谓是西情东韵，展现古风新律。

此项目以青花的元素为主题，大面积的混水漆户墙板欧式线条，搭配体现青花元素的马赛克及墙纸，及素雅的石材拼花，展现中西合并搭配　。

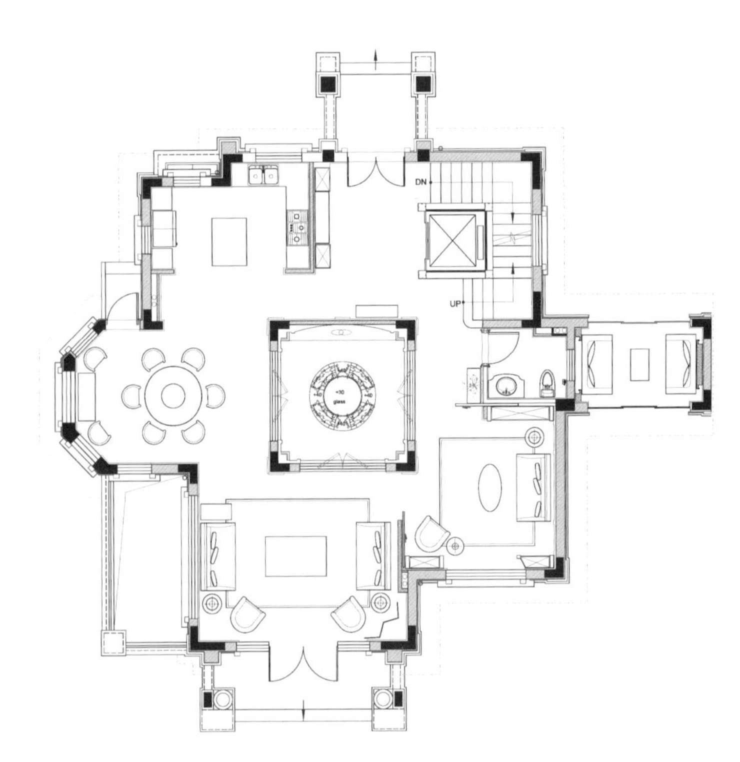

一层平面布置图

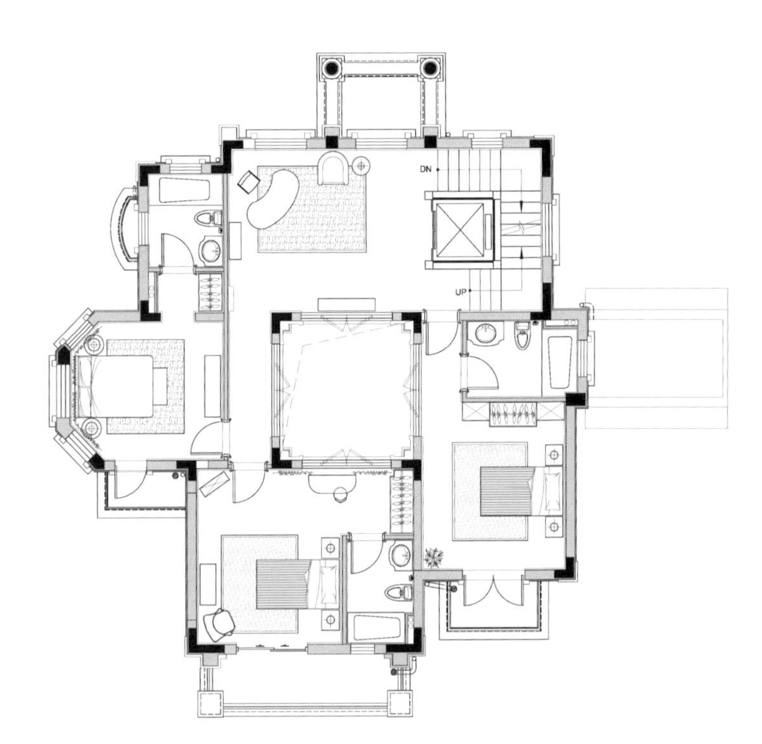

二层平面布置图

信和中央广场销售会所

XINHE Business Club

设计师：方峻

项目名称：香港信和中央广场销售会所

项目地点：香港

项目面积：580 平方米

本案的灵感来自东方文化中拥有高雅脱俗气质而被喻为圣洁之花的白莲……

取自莲花的这种白色是作为提高整体画面明度的极佳选择，给人以洁净清澈的视觉效果。除了“濯清涟而不妖”的雅静，其高明度和高纯度，还能彰显耀眼、夺目的华贵气质。

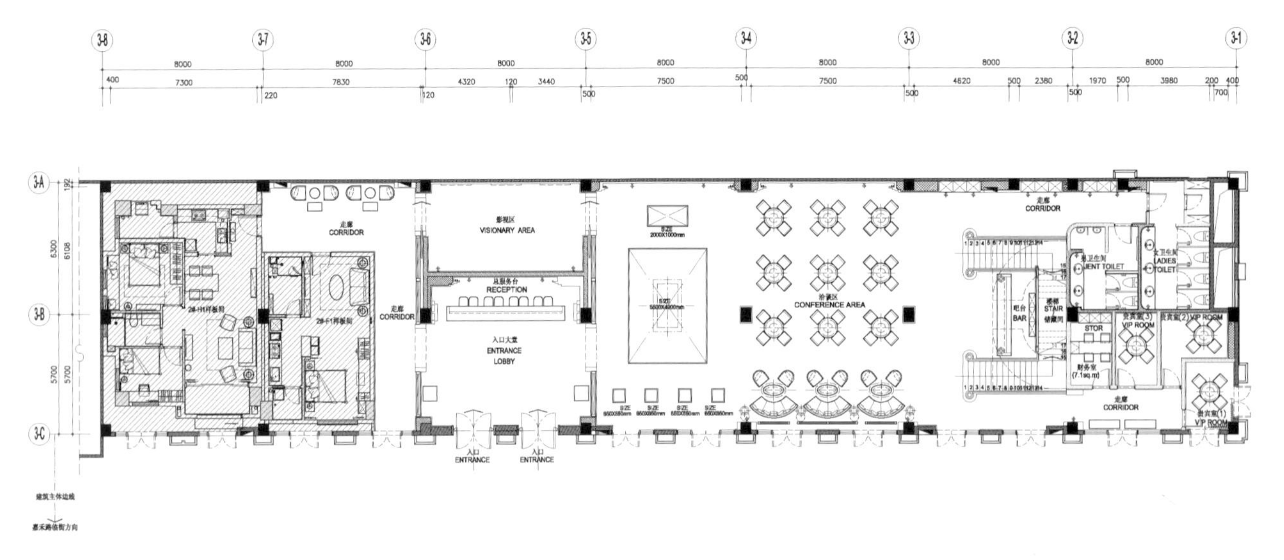

3-8
3-7
3-6
3-5
3-4
3-3
3-2
3-1
3-A
3-B
3-C
走廊
CORRIDOR
影视区
VISIONARY AREA
总服务台
RECEPTION
入口大堂
ENTRANCE
LOBBY
入口
ENTRANCE
入口
ENTRANCE
洽谈区
CONFERENCE AREA
走廊
CORRIDOR
吧台
BAR
楼梯
STAIR
储藏间
女卫生间
LADIES
TOILET
STOR
财务室
(7.1sq.m)
贵宾室(3)
VIP ROOM
贵宾室(2) VIP ROOM
贵宾室(1)
VIP ROOM
走廊
CORRIDOR
建筑主体边线
嘉禾路临街方向

一层平面布置图

景瑞舟山售楼处

RuiJin ZhouShan Sales Office

设计师：苏英

项目地点：浙江舟山市

项目面积：1600 平方米

整个售楼处置于海边，鸟笼、木头、树枝点缀其中，映射了东方古典文化的同时，使得整体空间更为幽静和灵动，你似乎能在这里清晰的听见水滴叮当、鸟儿鸣叫的声音。

借由材料的运用，巧妙地将中国文化融合其中，使新、旧感受并列且同时呈现出东、西方文化交融的独特风格。装饰材料的应用上大量采用原生态的木饰面及石头，搭配茶色镜面、亮面不锈钢、棉麻布艺等，设计师尽可能的拉大材质间的相互对比，以强调东方从古到今的文化发展。

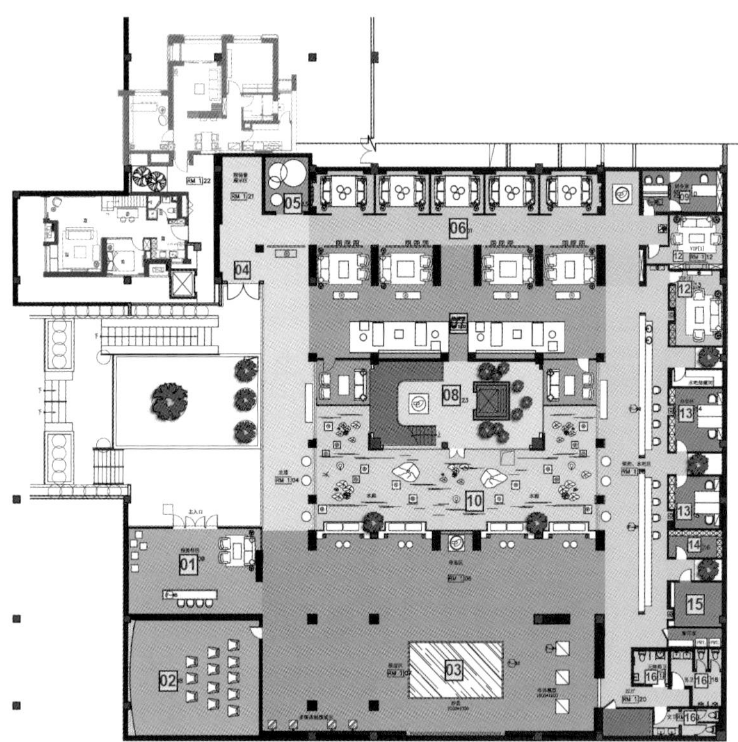

一层平面布置图

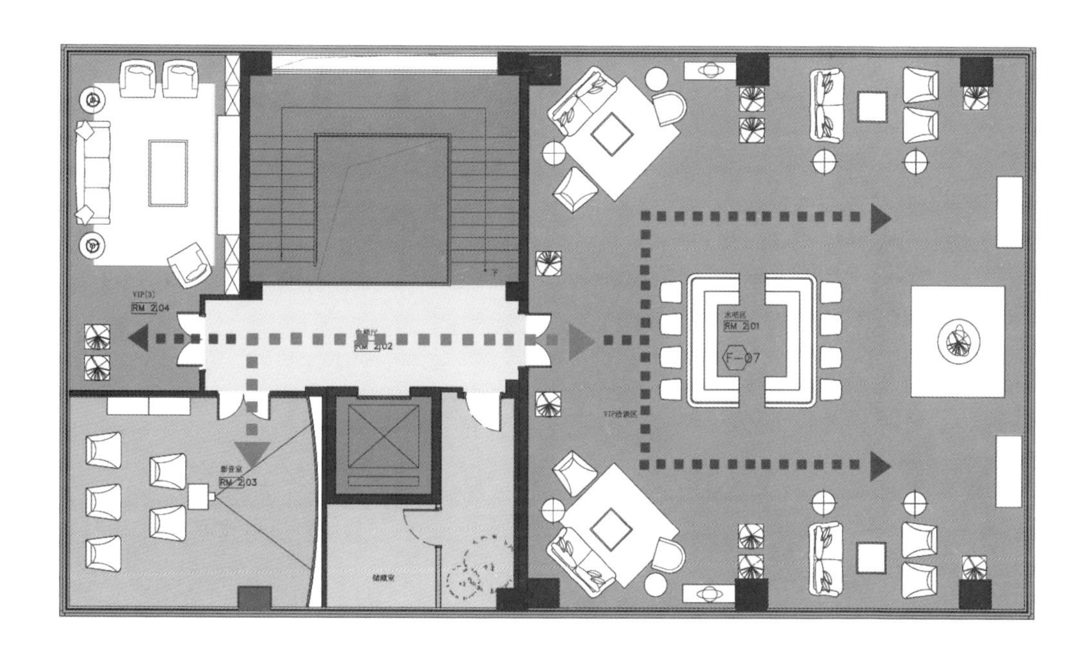

二层平面布置图

宸品会
Chenpin Club

设计师：马辉　参与设计师：李丽

项目地点：浙江杭州市
项目面积：407 平方米
摄 影 师：娄骏松

大河宸章是远洋地产开发的全精装运河景观豪宅，因此，作为该高端楼盘的 VIP 客户服务中心，本案要突出其品质和尊贵感，贴合高端消费群的品味，所以设计师把本案的风格定位为低调华贵大气的新中式风格。

整体空间内颉取了片段的中国传统的古典元素，同时，又融入了一些现代的家具和配饰，从而令这个空间既符合现代的审美需求，又散发出一种独特的人文意味。设计师在空间内所营造点点滴滴的自然主义情结，为现代简洁利落的空间注入了东方的气质和跃动的活力，赋予视觉一股撼动人心的感染力。

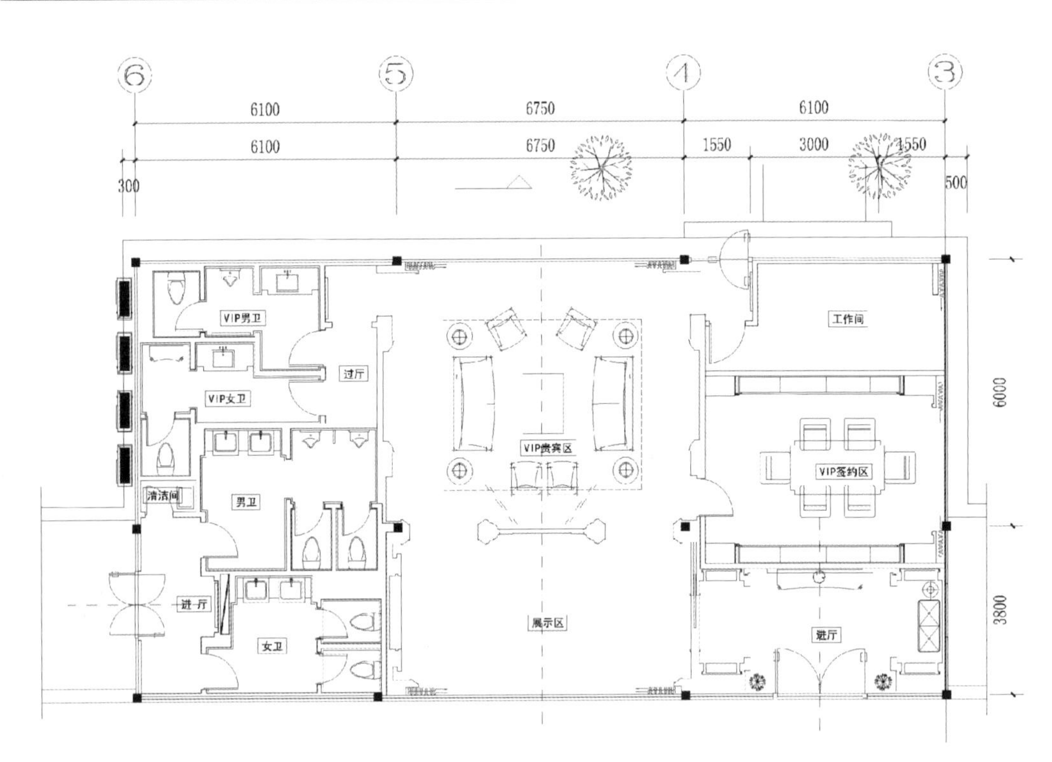
6
5
4
3
6100
6750
6100
6100
6750
1550
3000
1550
300
500
VIP男卫
VIP女卫
过厅
清洁间
男卫
进厅
女卫
VIP贵宾区
展示区
工作间
VIP签约区
进厅
6000
3800

一层平面布置图

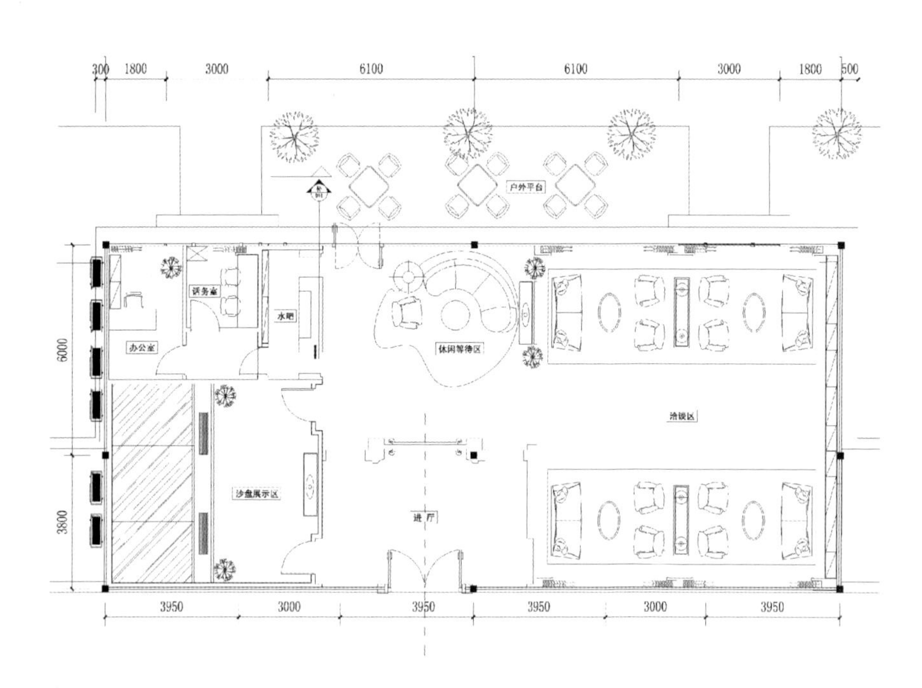

300
1800
3000
6100
6100
3000
1800
300
户外平台
话务室
水吧
办公室
休闲等待区
洽谈区
沙盘展示区
进厅
6000
3800
3950
3000
3950
3950
3000
3950

二层平面布置图

西山林语

XISHAN LINYU Club

设计师：刘锐

项目名称：大连保利地产西山林语售楼处

项目地点：辽宁省大连市

项目面积：344 平方米

摄 影 师：刘锐

为了更好的突出这个空间的氛围，我们把原有的木色进行了改造，由浅色变为深色，所有家具、饰品的设计选择上都相应配合小木屋的整体色调和氛围。

推开门，映入眼帘的是采用原木色雕花的吧台，背景摆放了两个做旧的大酒柜，花器采用的水泥色，酒柜里面的小麻袋，仿真书，小绿植烘托出会所氛围。让客户进入这里感受到的这不只是一个售楼处，更是一个休闲放松的会所。

进门通长的地毯和走廊的地毯都采用了羊毛材质，颜色与窗帘、灯罩相呼应，突出空间幽暗、私密的氛围。

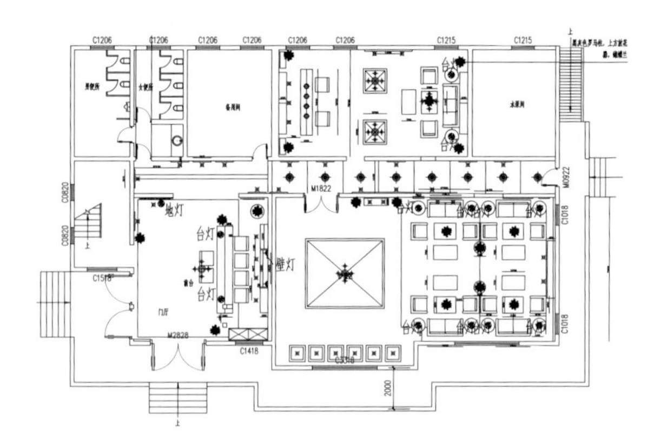
C1206
C1206
C1206
C1206
C1206
C1206
C1215
C1215
男便所
女便所
备用间
台灯
M1822
M0922
C0820
C0820
地灯
台灯
壁灯
C1518
吧台
台灯
门厅
C1018
C1018
M2828
C1418
2000
上
上

平面布置图

四季花厅售楼会所

SIJI HUATING Club

设计师：姚海滨

项目名称：烟台龙湖 -- 葡醍海湾四季花厅售楼处

项目地点：山东烟台牟平区

项目面积：1500 平方米

本案为海边度假别墅售楼处，作品在环境风格上采用现代东南亚风格。

作品在空间布局上的采用超高的挑高空间以求更好的设计效果。设计选材为：木材，亚麻布艺。

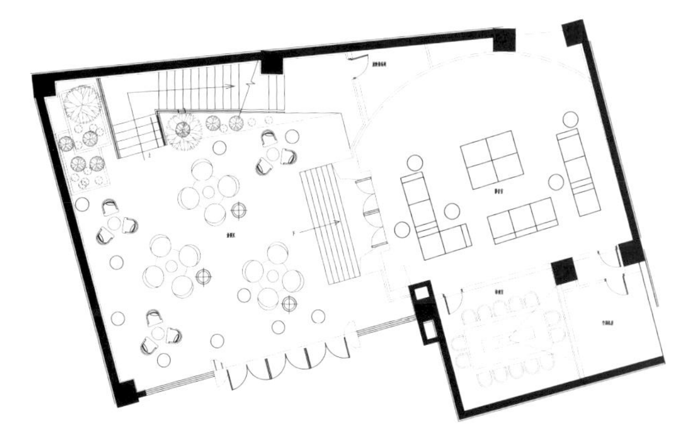

平面布置图

莱茵河畔销售中心
Rhine River Club
设计师：马晓星

项目名称：南通莱茵藏珑 / 莱茵河畔销售中心

项目地点：江苏省南通市

项目面积：500 平方米

本案将古典的欧式风格加入现代的材质，这既是时代的要求，也在情理之中。设计中以丰满的姿态展示一个人性关怀极强的空间。捕捉欧式定义中的风格特色，创造有个性、有冲击力的设计方案是本案设计的焦点。塑造别样的空间感受。矜贵的欧式情怀空间用写意的手法融入文化，营造一份奢华、内敛又不失品位的艺术风韵。

加入新古典主义的意蕴，提炼古典样式的符号——地面的拼花、顶面的吊灯、墙面的造型以及家具的款式甚至是摆放的艺术品成为空间的重要元素，无一例外的强调了对古典是时代诠释。

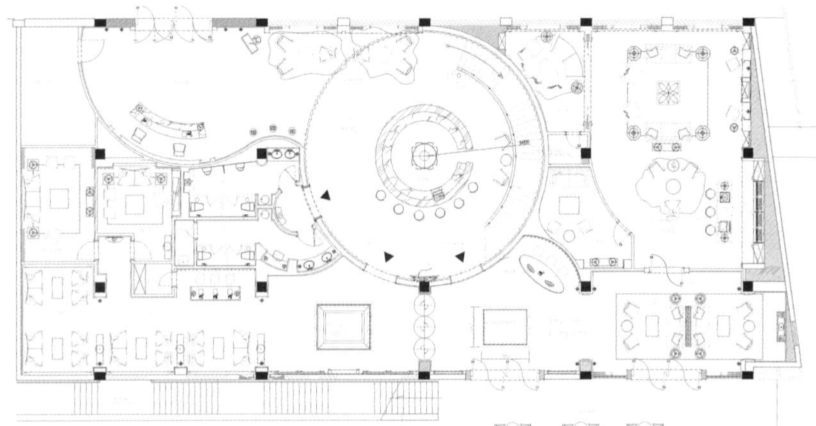

平面布置图

皇室英伦格调

The British Royal Family Style

设计师：马治群

项目地点：福建省福清市

项目面积：1000 平方米

主要材料：大理石、雕花、金箔、油画

设计团队实地考察了白金汉宫、汉普顿宫、肯辛顿宫等经典的英式皇家建筑，并确定中恒首府联体式住宅和园林景观的英伦情调。

通过门厅的缓慢进入空间，暂态让人体会到一种严谨的空间感。浓郁欧洲风情的浮雕壁画夺人眼球，贴上金箔的花线顾盼生辉，大堂穹顶和罗马石柱大胆结合极富兴味，众多元素的搭配营造了很强的仪式感，让人仿佛越过时光隧道，扑面而来的是维多利亚宫廷般的恢弘气势。在延续手法的运用上匠心独具，通过对变幻多端的局部细节的规划，使得形式上得到视觉的统一。

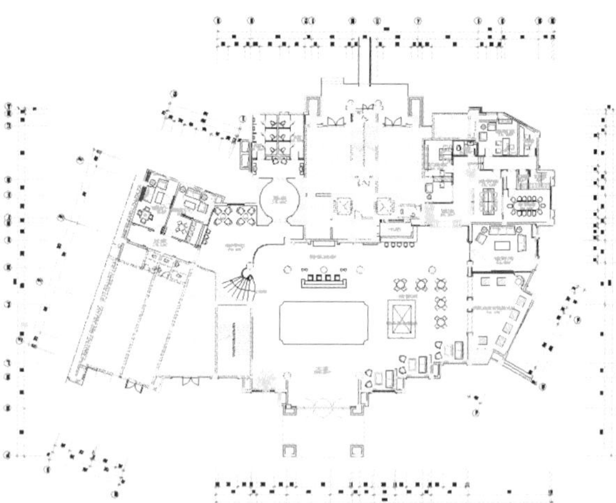

平面布置图

都市兰亭销售会所

DUSHI LANTING Club

设计师：杨大明

项目地点：湖南省长沙市

项目面积：800 平方米

摄 影 师：吴辉

本案作品建筑与室内装饰浑然一体，达到了非常好的营销作用。本案的设计创新点：在与外观形态新颖，内部建筑结构与室内装饰巧妙结合。

项目充分利用建筑的圆形结构，室内装饰也采用圆形放射状形式设计，内外高度统一。由于该建筑是临时建筑，该设计选材上在保证效果的同时尽可能的降低成本。例如：用仿真石漆取代石材，用 PVC 管做吊顶等。

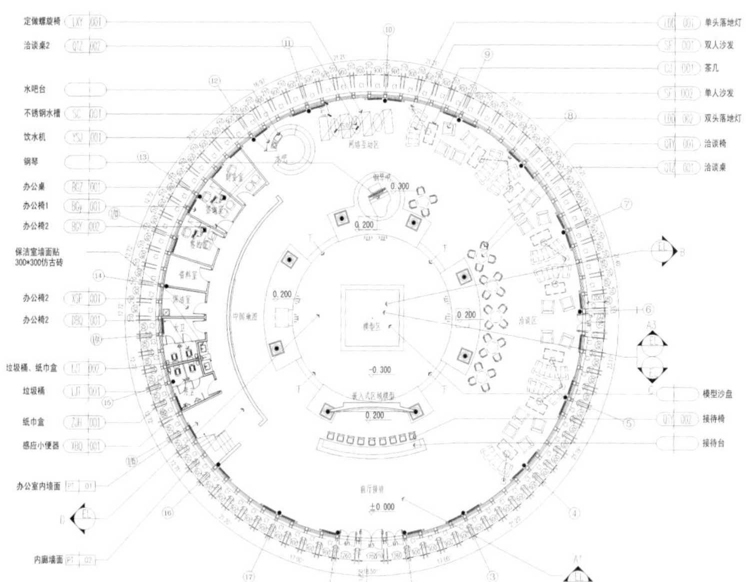
定做螺旋椅
洽谈桌2
水吧台
不锈钢水槽
饮水机
钢琴
办公桌
办公椅1
办公椅2
保洁室墙面贴
300×300仿古砖
办公椅2
办公椅2
垃圾桶、纸巾盒
垃圾桶
纸巾盒
感应小便器
办公室内墙面
内廊墙面
单头落地灯
双人沙发
茶几
单人沙发
双头落地灯
洽谈椅
洽谈桌
模型沙盘
接待椅
接待台

一层平面布置图

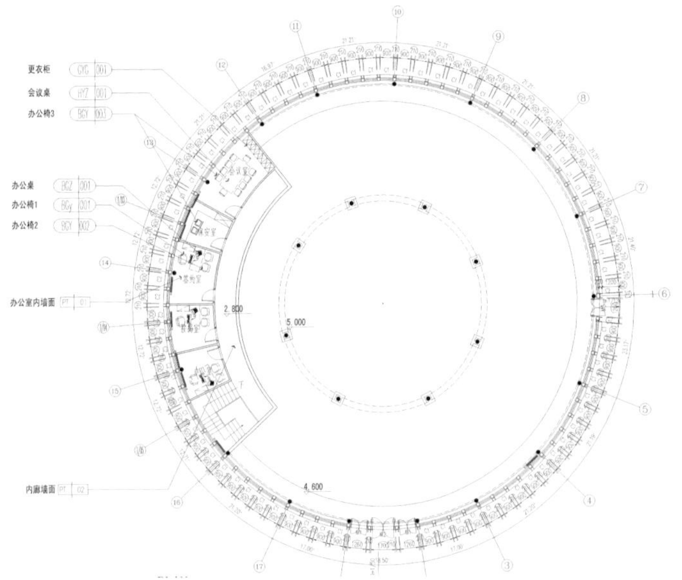

二层平面布置图

正荣御园品鉴中心

Royal Garden Villa

设计师：陈彬

项目名称：南昌正荣御园品鉴中心

项目地点：江西南昌

项目面积：1864 平方米

高端房产销售会所，以男性气质的空间为项目明确的定位。本案为避免雷同以充满个性化的造型手法，传达设计师对 Art Deco 风格的全新解读。

运用合理的动线安排和空间穿插，在一幢别墅的空间体量里营造出大尺度的空间体验。石料和金属的大面积运用，强调出低调奢华的男性气场。

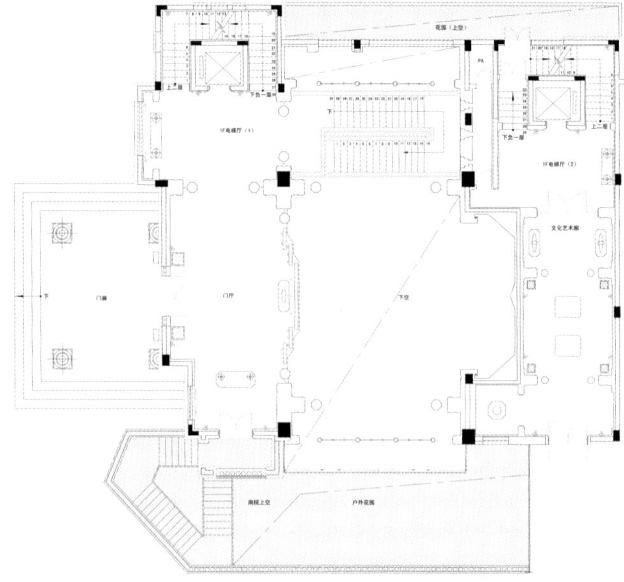

一层平面布置图

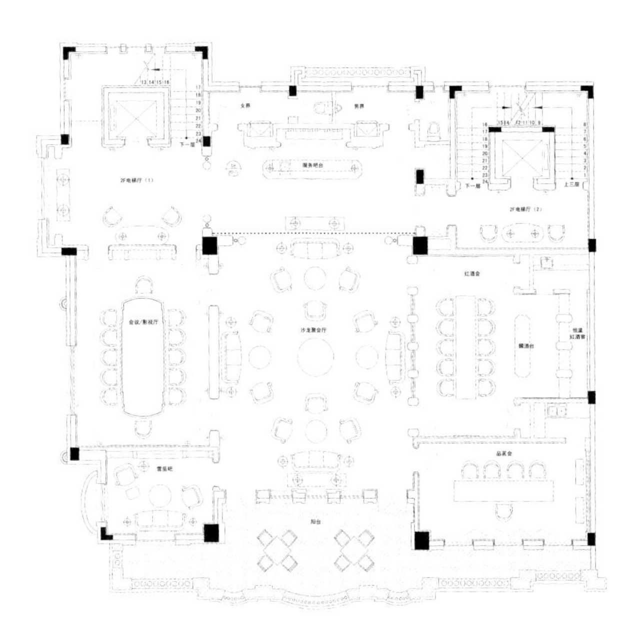
服务吧台
下一层
2F电梯厅（1）
下一层
上三层
2F电梯厅（2）
红酒会
会议/影视厅
沙龙聚会厅
醒酒台
恒温
红酒窖
品茗会
雪茄吧
阳台

二层平面布置图

山宅一生

Landscape Villa

设计单位：山西深度装饰工程有限公司　设计师：裴俊杰

项目名称：帝豪蓝宝庄园——山宅一生

项目地点：山西省太原市

项目面积：2900 平方米

问余何意栖碧山，笑而不答心自闲。

桃花流水窅然去，别有天地非人间。

别墅地处山区，依山傍水，占地面积 22 亩，室内面积 2900 平方米，将植物和水引入空间，在设计手法上将山水自然形态通过归纳演绎成现代的生活场景，设计意图将自然与奢华通过自然元素衔接成完整和谐的山间别墅。作品在感受自然美景的同时享受现代文明。

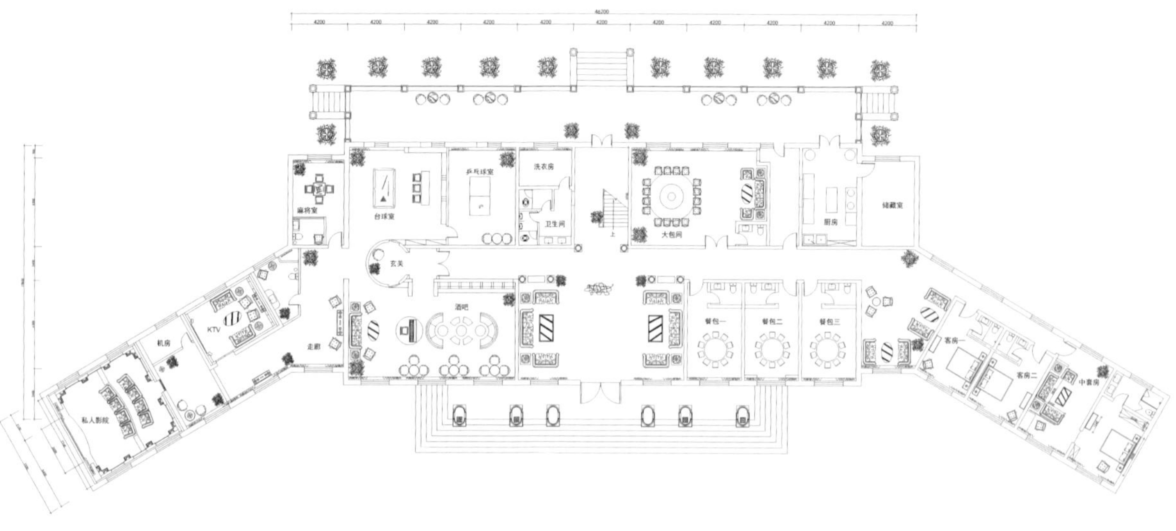
麻将室
台球室
乒乓球室
洗衣房
卫生间
大包间
厨房
储藏室
玄关
酒吧
KTV
机房
走廊
私人影院
餐包一
餐包二
餐包三
客房一
客房二
中套房

一层平面布置图

Gold Cavalier
tournament class

金马凯旋家居销售会所

KINMUX Triumph Home Club

设计师：卢涛

项目名称：郑州金马凯旋家居 CBD 销售中心

项目地点：河南省郑州市

项目面积：1600 平方米

主要材料：屏风、格栅网格、实体石材

本案例糅合中西文化的手法，运用光、精致屏风、简单大方的饰品营造出丰富的艺术情调，各元素在方寸之间都极尽雕琢，呈现出东西文化融合的大胆想象，现代设计手法在宽阔的空间中形成视觉凝聚。

突出国际化、公馆级品质，外立面造型典雅华贵，线条鲜明，凹凸有致，室内装饰设计注重细节艺术雕琢，在气质上给人以深度感染，呈现优雅、高贵和浪漫的欧美风情。以气势恢宏的中庭为核心，形成空间的高度整合及人流和信息流的集聚态势，是交流活动的聚点和中心。各功能板块分布两翼，形成彼此衔接又各具特色的空间发展格局。

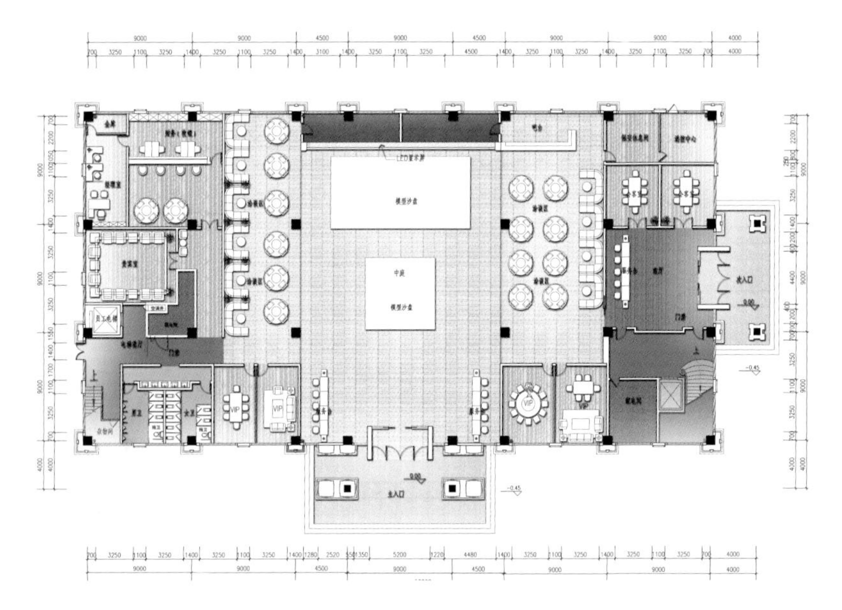

一层平面布置图

KINMUX
金马凯旋家居CBD

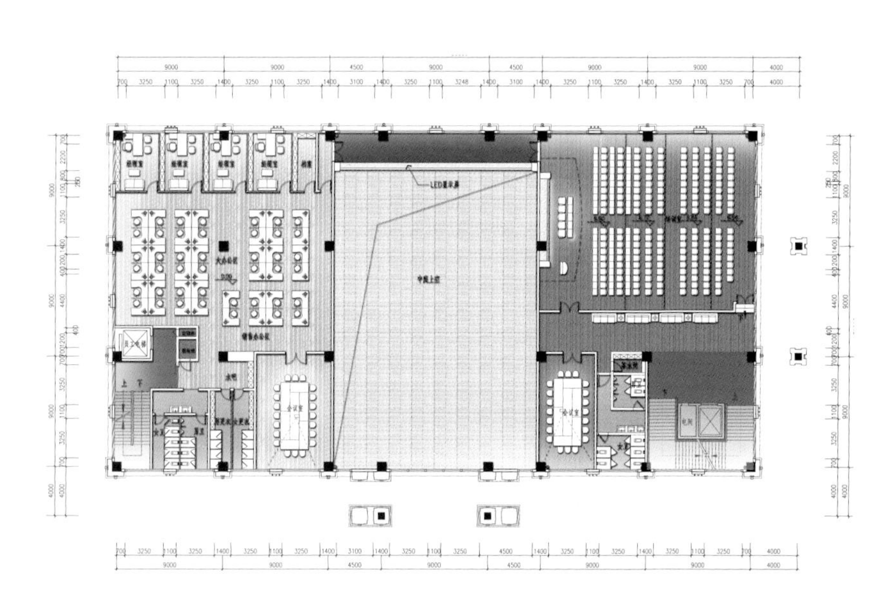

二层平面布置图

弘梧岳

Hong WuYue

设计单位：香港天工设计　设计师：马治群

项目地点：福建省福州市

项目面积：3000 平方米

本案为私家庄园，采用古典欧式的设计手法，追求华丽、气派、典雅、新颖，符合主人的精神诉求与品位。在风格上，沿袭古典欧式风格的主元素，融入现代生活要点。通过完美曲线、陈设塑造、精益求精的细节处理，透入空间的豪华大气。整个空间让人领悟到欧洲传统的历史痕迹与深厚的文化底蕴，同时又摒弃了过于复杂的肌理和装饰。

在功能布局上，一层为动态空间，配备客厅、钢琴区、偏厅、咖啡厅、茶室、书房、中西餐厅、中西厨房。二三层均为静态空间，主卧均附带休息厅、书房、更衣间、洗手间；客房附带独立的休息厅和洗手间。

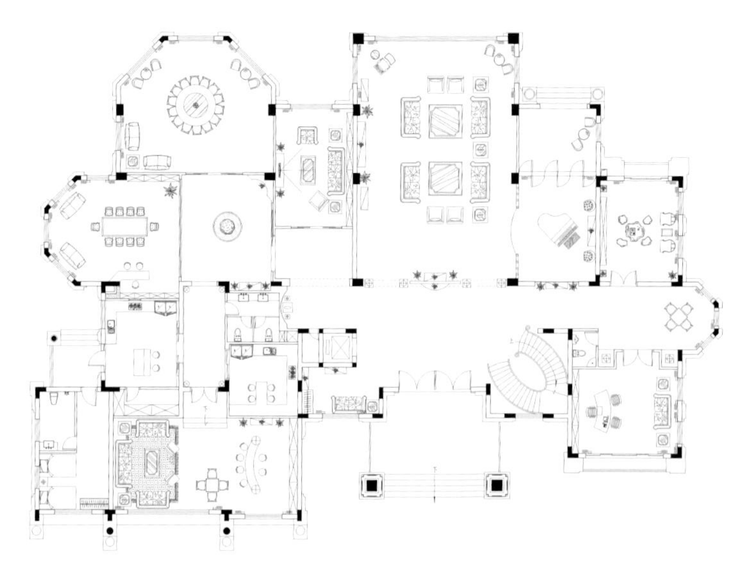

一层平面布置图

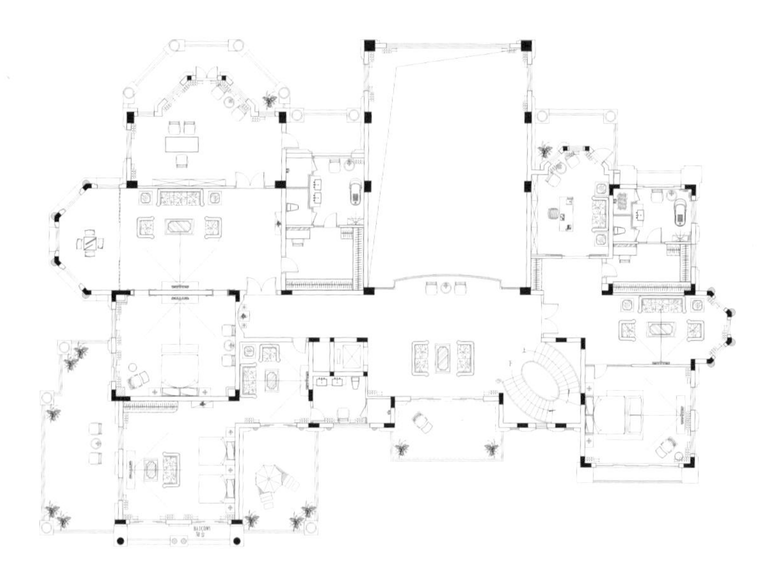

二层平面布置图

城建徜徉集
CHENGJIAN CHANGYANGJI

开发商：北京城建兴泰房地产开发有限公司

项目名称：北京城建某销售会所

项目地点：北京

项目面积：1235 平方米

徜徉集小区交通、购物均方便，风景优美。通过小区道路的合理组织，休闲设施的精心安排，提供自然、舒适的居住环境。社区主流健康向上，社区风气良好，邻里关系和谐。

项目以实用、舒适、分区合理为整体规划原则，户型选择丰富，户型方正，居住实用率高。

水岸新都

SHUI'AN XINDOU Club

设计师：区伟勤

项目地点：湖南长沙市

项目面积：408 平方米

本项目会所带有浓厚的地中海式独家休闲风情，室内空间尺度较为庞大，对称的布局以及对称的古典分割，显现出卓越的气势，给人一种显赫尊贵感觉。

本案除了古典的元素之外，还溶入了现代的手法，如前厅两侧高大的竖肋通透屏风造型与四角落的古典柱式相搭配，非但不会形成冲突，反而可以强调出空间高度气势，并且通过色调的统一性使得其显得更为协调。售楼部的视觉焦点位置，其正面效果呈“井”字平面分割，采用项目的标志为主要元素作几何排列，然后再将其平面性加以立体化，并结合金属板的反光度，在灯光地下形成强烈而丰富阴阳效果等等。

佳兆业·水岸新都

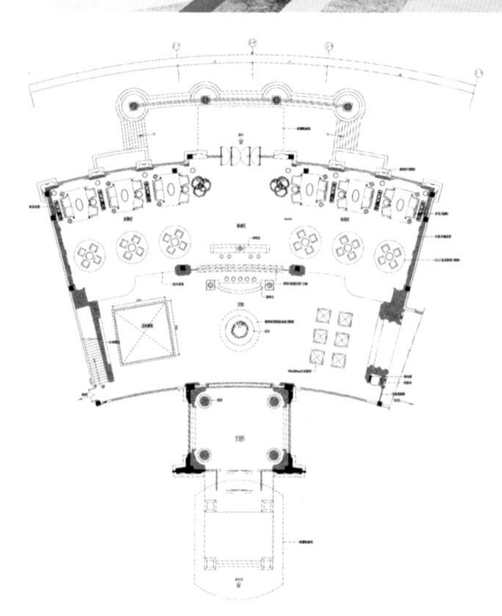

一层平面布置图

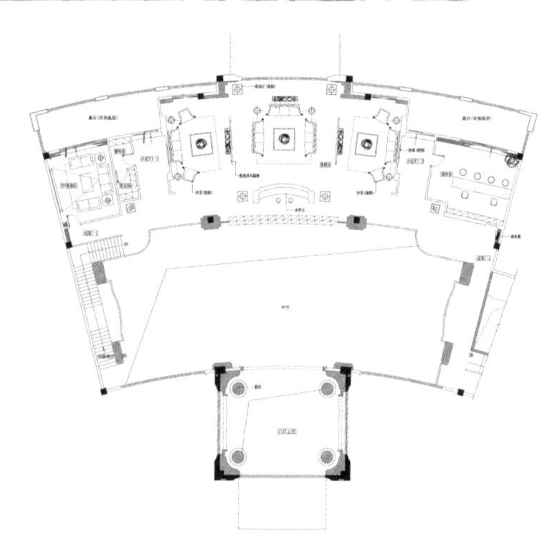

二层平面布置图

欣盛东方福邸

XINSHENG DONGFANG Club

设计单位：GFD杭州设计事务所　设计师：叶飞

项目地点：浙江省杭州市

项目面积：500平方米

本案开发商欣盛东方福邸，是全国十大豪宅之一东方润园的开发商欣盛房产，于杭州大城西板块又一力作。

本案摒除传统新古典的繁复表面装饰，结合现代风格的清淡素朴，强调高贵内涵和细节质感，追求余韵恒久的雅致之美。

Oriental Blessing

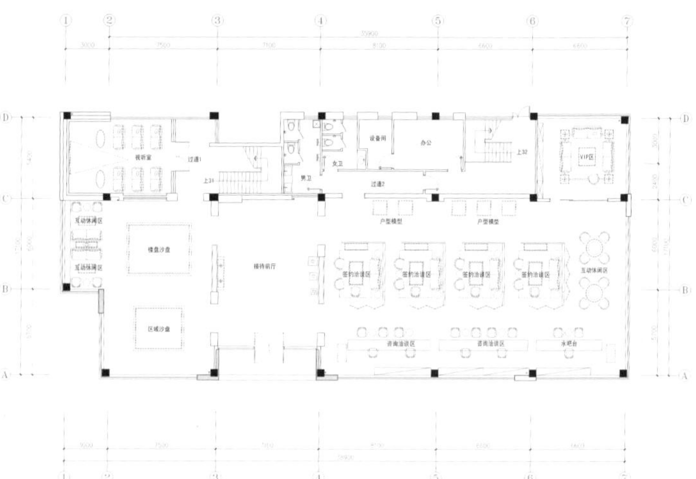
视听室
过道1
上31
男卫
女卫
设备间
办公
上32
VIP区
过道2
户型模型
户型模型
互动休闲区
互动休闲区
楼盘沙盘
接待前厅
签约洽谈区
签约洽谈区
签约洽谈区
签约洽谈区
互动休闲区
区域沙盘
咨询洽谈区
咨询洽谈区
水吧台

一层平面布置图

TOTO

恒宇国际

HENGYU International

设计师：郑杨辉

项目地点：福州

项目面积：270 平方米

主要材料：艺术雕花

本案的空间设计理念是价值梦想空间专卖店加上艺术展厅加上酒店式服务。表现如下：

一是空间满足了产品展销的机动流程，将空间内人群的动线设计合理布局，从入口向右侧动线的导入参观了解楼盘品质到洽谈区及销控台的酒店式服务；二是以当下时尚文化内涵的设计手法诠释空间的精神，赋予诗意的空间表情，入口处两道弧线一实一虚的造型手法。陶艺等饰品赋予空间更多的诗意，低调内敛视觉纯净的空间中融入了精致的东方纹样雕花背景，诠释空间的贵气。

恒宇国际公馆
INTERNATIONAL

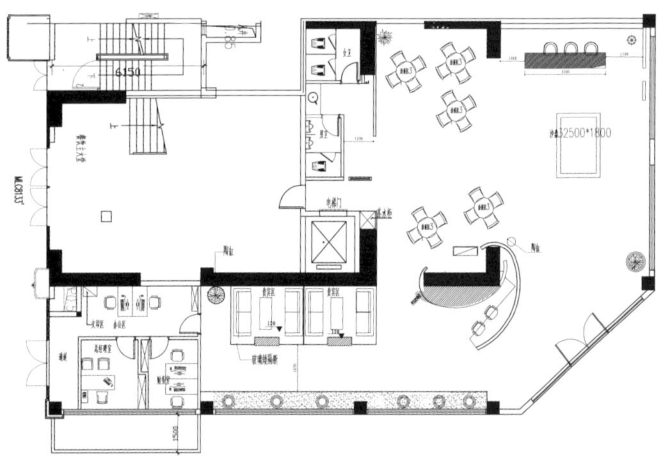

平面布置图

悦府别墅
YueFu Villa

设计单位：深圳市昊泽空间设计有限公司　设计师：韩松

项目名称：京投银泰宁波东钱湖悦府高端别墅

项目地点：浙江宁波

项目面积：600 平方米

主要材料：塞维亚米黄、碳化木、雪茄牛皮

本项目为高端艺术沙龙性质的私人小型别墅会所，提供高端的私人接待及娱乐服务，小型的艺术沙龙展览及高端私人 Party。从室内设计到软硬件配置上都提供了顶级、高端的设施及环境。

整体空间采用现代英式的木墙板装饰风格，配合上英国 HALO 品牌的家私，以及当代艺术家的艺术作品和 The Beatles 的纪念物……厚重、粗犷中带着一抹雅皮和时尚。

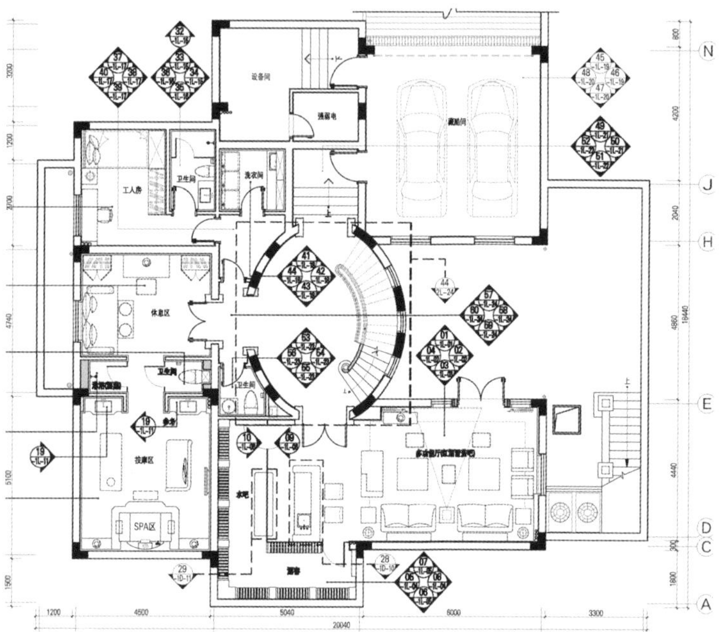

负一层平面布置图

NQHG
RZDKD
ZGYEQT
FNCICUTA
AJZTWHUHSX

FNCICUTA
AJZTWHUHSX
VYWPTMQHYFVHD
AFGZPWZTGRGBDRO
NQHG
RZDKD

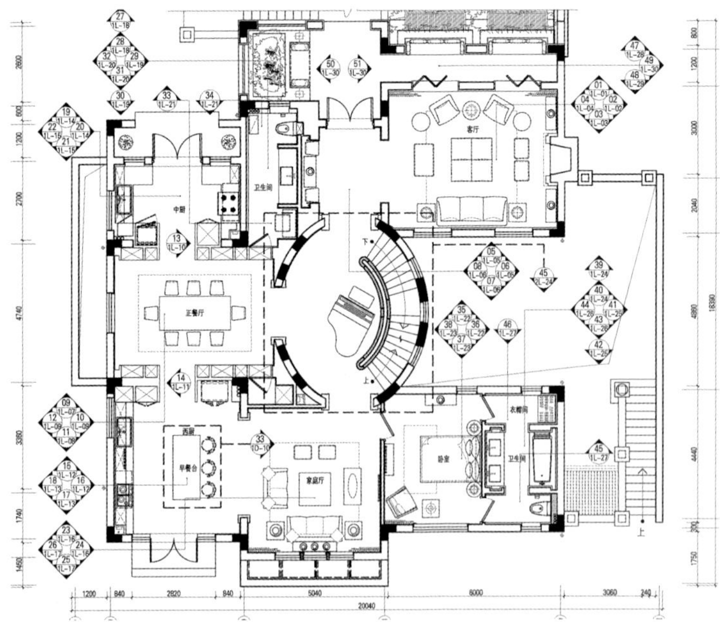

一层平面布置图

CARTE POSTALE

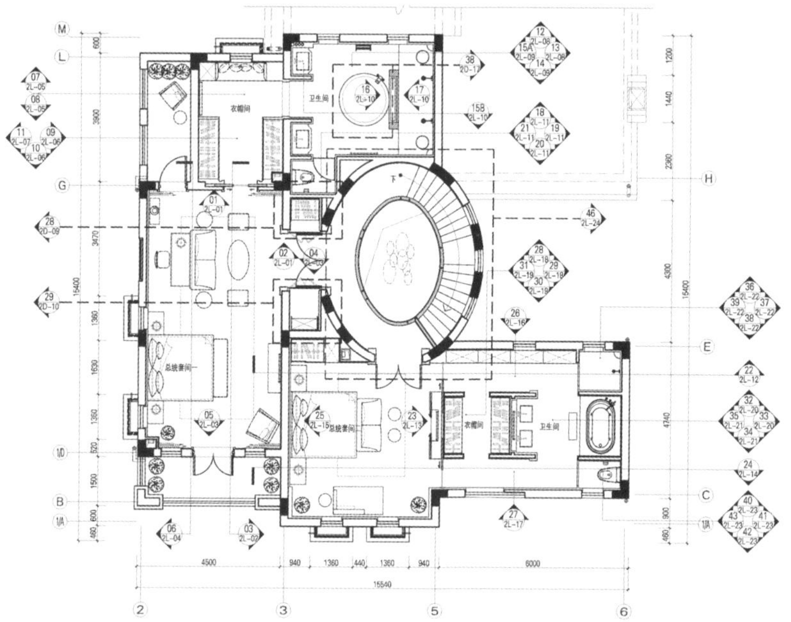

二层平面布置图

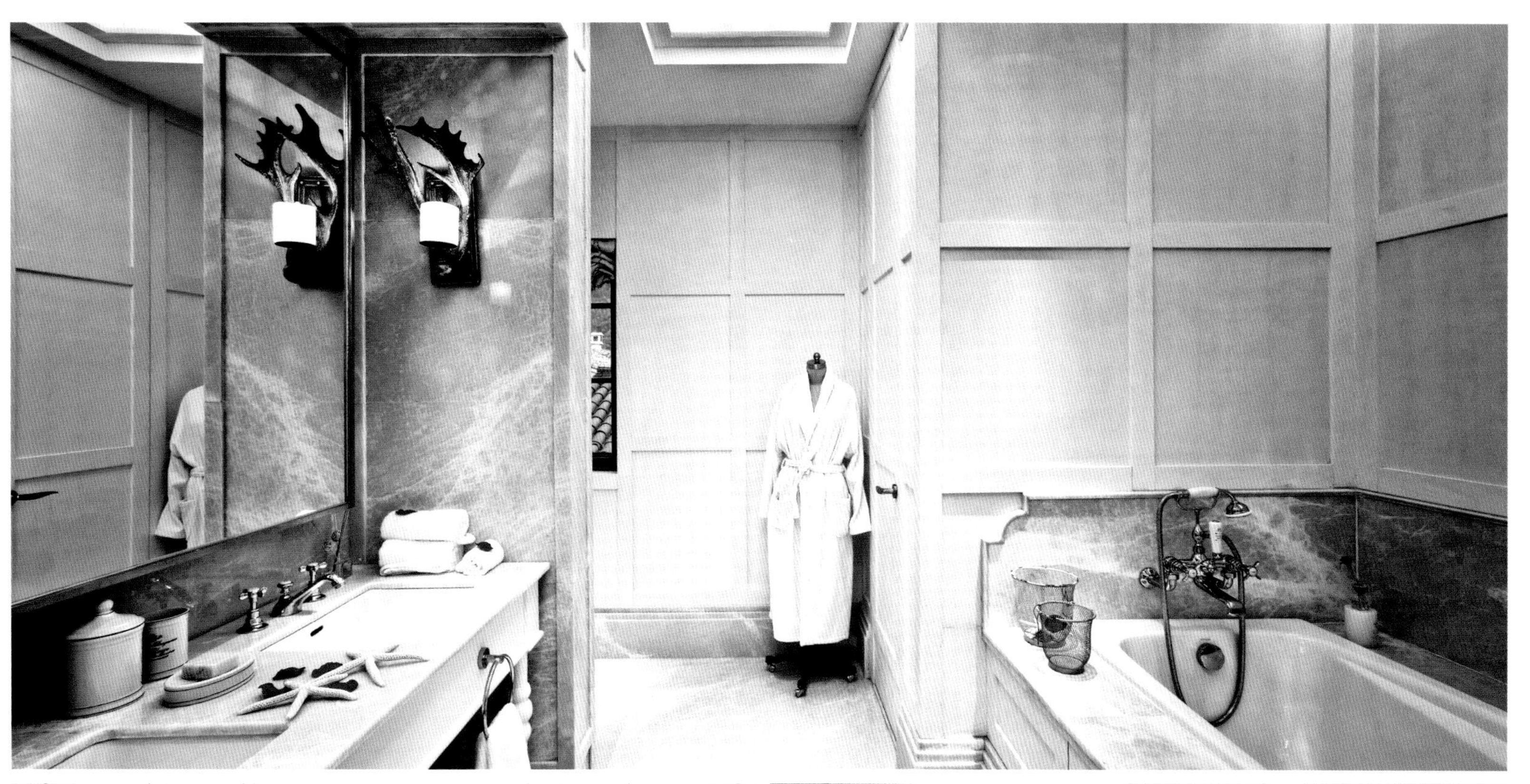

中信水岸城

ZHONGXIN SHUI'AN Club

设计单位：深圳市派尚环境艺术设计有限公司 设计师：李益中、范宜华

项目名称：惠州中信水岸城项目一期销售中心

项目地点：广东惠州

项目面积：1800 平方米

主要材料：烤漆板、人造石、亚克力板、天然石材

售楼处建筑由两个椭圆形体块连接而成，坐落于人工湖旁。白色的流线型建筑和紧邻的水景虚实相映，给人以现代、轻盈、飘逸的视觉感受。在材质上，除了透明的玻璃幕墙，只加入了楼板结构层的白色外墙材料，色彩上也只有轻盈的玻璃本色和白色。

本案的设计意在运用简洁化的新古典语汇，融合现代建筑形体，表现清丽脱俗的现代国际气质，同时保有优雅的古典元素。因此，家具的选型上，经过再设计的具有古典韵味的家具被大量选用。在空间色彩上，除了大量的白色，设计师也选用了与之完美搭配的黑色以及中性的米色。

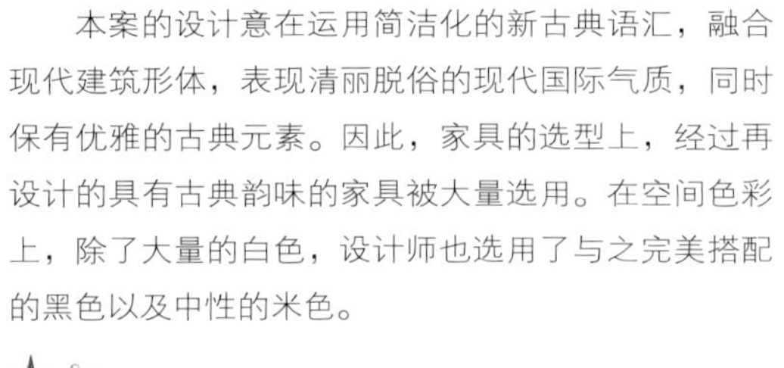

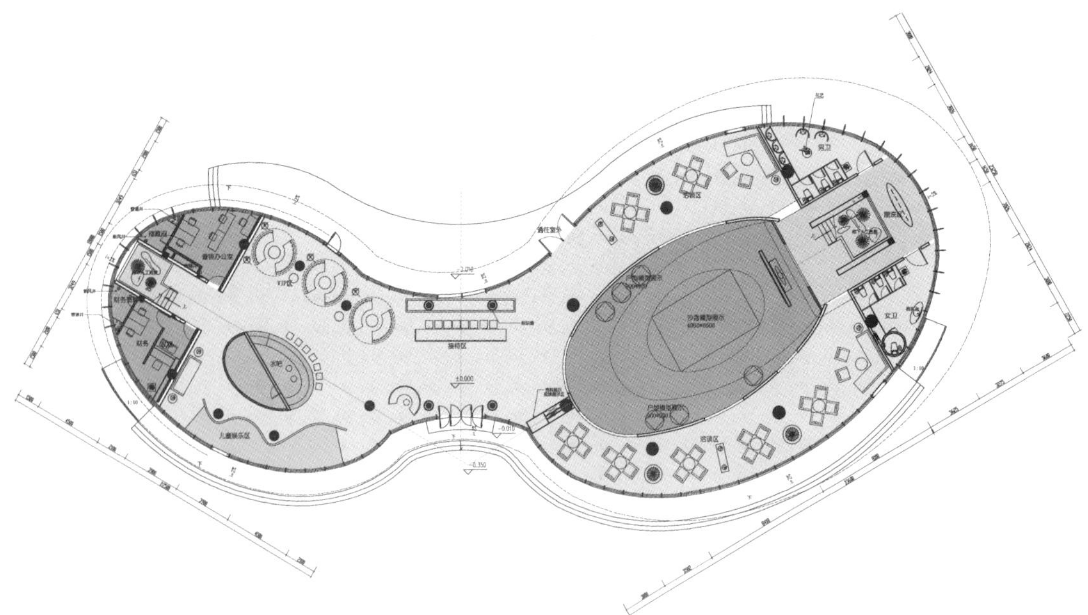

一层平面布置图

43%超高绿化率 18%超低建筑密度

远雄金华苑

YUANXIONG JINHUA Club

设计师：黄书恒

项目名称：远雄金华苑接待中心

项目地点：台北市内湖五期

项目面积：1330 平方米

俄罗斯的华丽：金色的辉煌。接待中心的空间布局和功用，则依据标准化的功能分区和展示组件来配置，基本上是简约留白的设计原则。若仿照俄罗斯皇宫中大量使用金色的装饰和家具，以现代人的眼光来说，会是视觉上的疲累和空间中的累赘，在洁净的空间中，恰当地加上属于俄罗斯的金色，非常成功地表现出俄罗斯的主题。

俄罗斯余韵：细致醇厚的白与黑。地板的黑白棋盘图样，是直接仿效俄罗斯圣彼得堡夏宫的下花园中的黑白棋盘铺面，黑的高贵和白的典雅，更加显出皇室的金色尊荣，以白黑为基调的空间设计，成了显耀出金色的最佳背景。

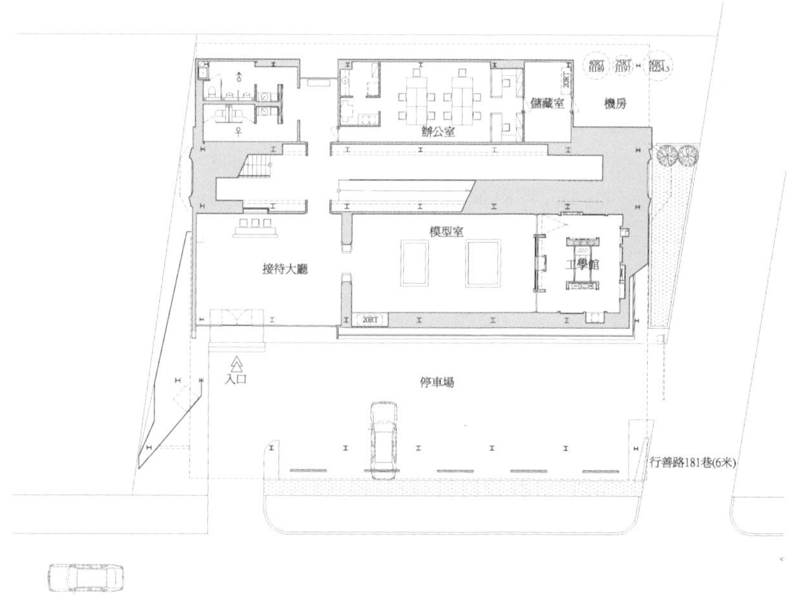

一层平面布置图

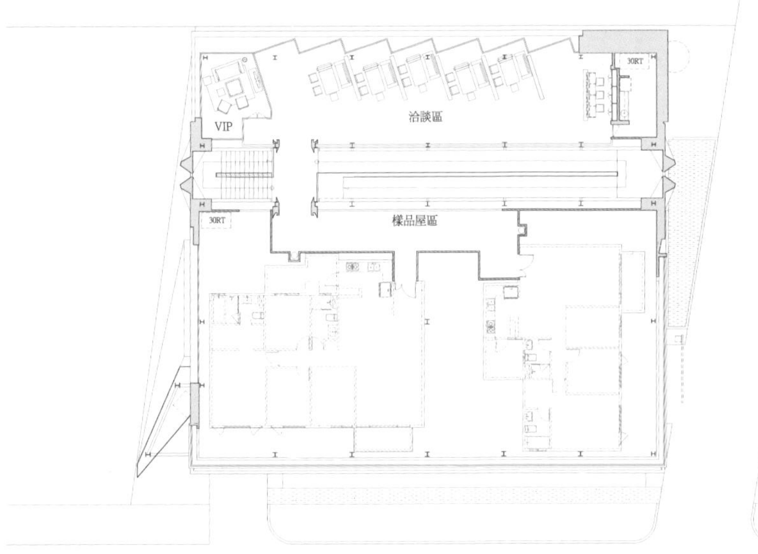

一层平面布置图

隔音膠合微反射玻璃
隔音 阻UV光 環保

三千府售楼会所

SANQIANFU Business Club

设计师：陈贻、张睦晨

项目名称：金地长沙三千府售楼会所

项目地点：湖南省长沙市

项目面积：3000 平方米

传统的欧洲文化是建立在信仰上帝的基础上的一种宗教文化，它影响着欧洲几千年的生活、历史、艺术及建筑。基于对欧洲文化与艺术的深刻理解与认识，设计师决定把天使及信仰这个理念引入室内空间中。

设计师把该项目作为天使之城来定位，试图给这个空间注入灵魂和生命力，同时也希望能让人们通过天使这一美好形象更深入的体味和了解到欧洲文明最本质的特征和内容。并希望通过此次设计及最终展示出来的空间氛围，使人能感受到空间中所蕴涵的崇高神圣的精神理念，并以此赋予这个商业项目极大的精神内质与文化内涵。

保利天悦

BAOLI TIANYUE Club

设计师：徐少娴

项目名称：广州保利天悦

项目地址：广州

项目面积：1900 平方米

本项目集华美艺术装饰的超然气派及温馨舒适的家具氛围于一身，引领广州高端指摘的新潮流。售楼处以装饰艺术风格为主导，样板间设计所体现的是一种经典奢华的风格，并将现代时尚感与居住者的生活品质相结合，继而创造出一种永恒、经典而又不失朝气的氛围。

售楼处以室内水景为空间中心，将销售展示区及酒廊空间进行合理划分，整齐排列的罗马柱形成了艺术长廊，与两端楼梯及亭子营造稳重、低调、奢华的气氛，样板间则充分利用户型特色，将书房与客厅间隔以玻璃通透而不失宁静。

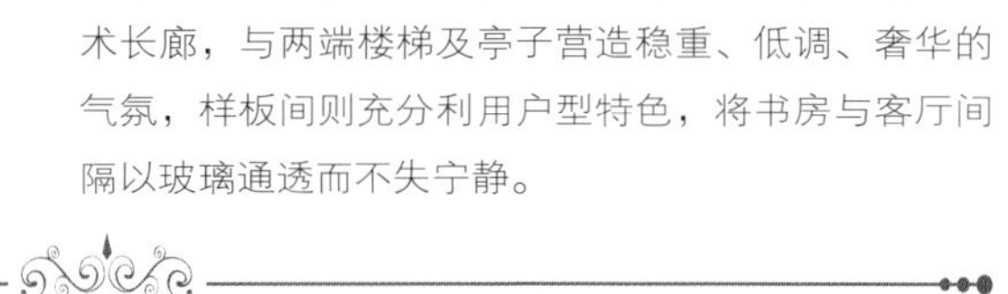

普霖花园

PULIN GRADEN

设计师：陈贻、张睦晨

项目名称：天津红磡领世郡普霖花园 A 户型别墅样板间

项目地点：浙江绍兴市

项目面积：620 平方米

主要材料：劳斯米黄、咔佐啡、柚石、阿富汗金花、实木地板、壁纸、石材马赛克、白色乳胶漆

摄 影 师：周之毅

整个空间以优雅深沉，睿智低调为空间整体基调，使用纯牛皮英式家具以及纯铜吊灯烘托空间整体气氛，设计手法的纯熟运用充分诠释着贵族气质的理性生活氛围。深沉稳重的褐石色系和米色系及暖色调性为主，装饰面通过运用现代造型方式结合英式的传统形式语言，选用棕色系真皮材质、暖色系石材以及实木饰面等材质，在空间中尽力营造出一种低调奢华的高品质居室氛围。

本案打造出了如此浓重与深厚文化感的环境，整体质感强烈温暖，线条更是柔和细腻，似乎每一个细节都在叙述着那个关于历史的、关于记忆的故事。

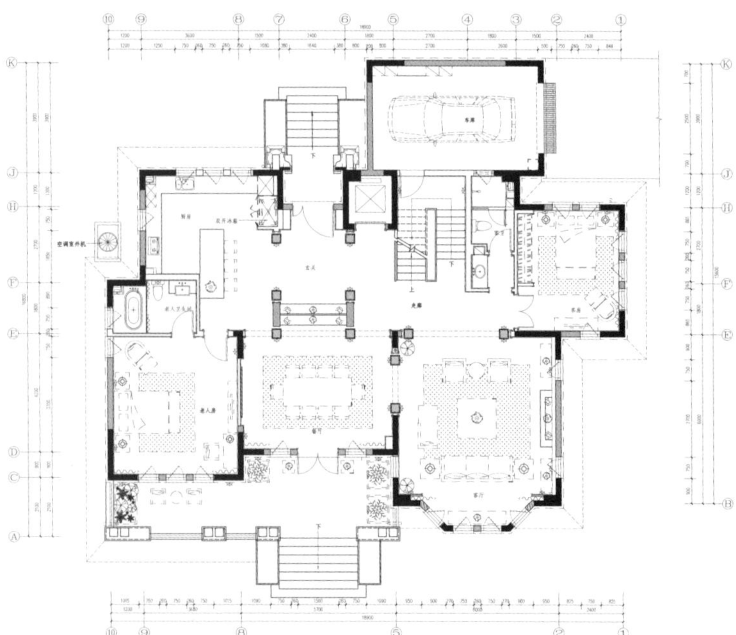

一层平面布置图

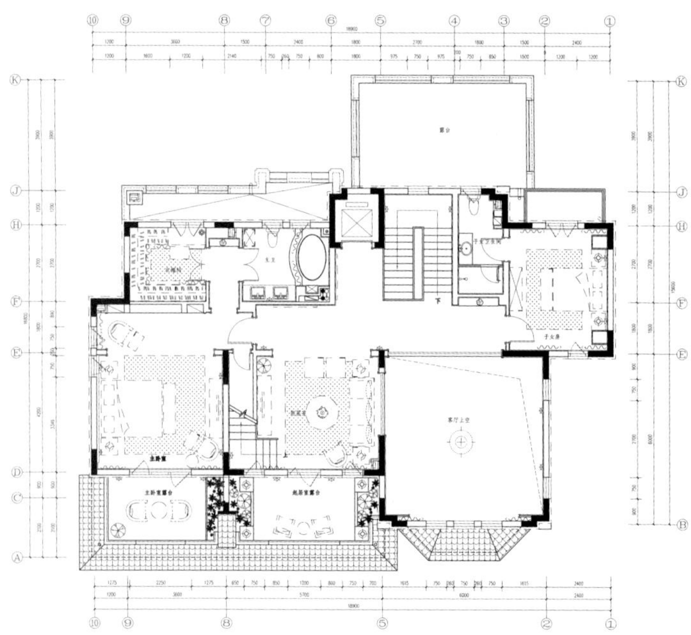

二层平面布置图

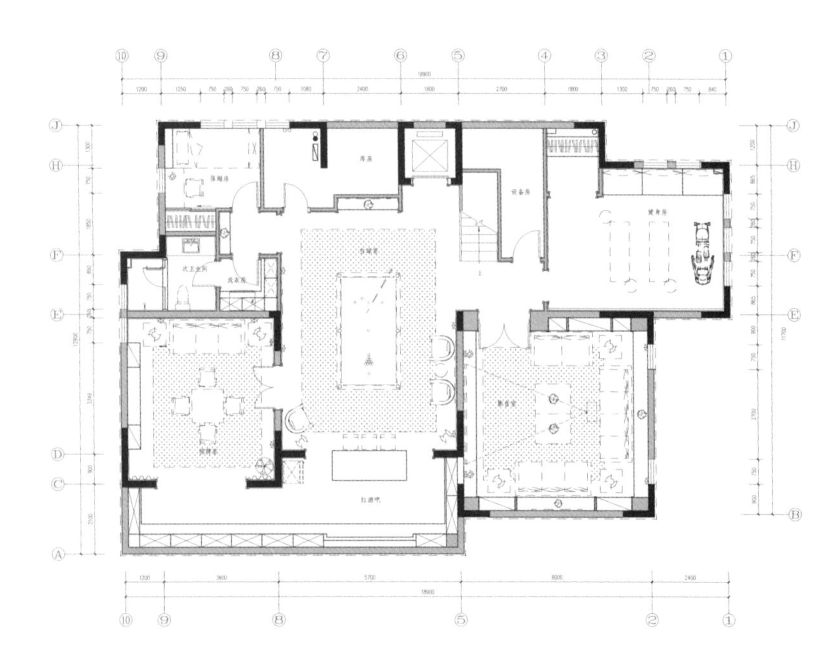

负一层平面布置图

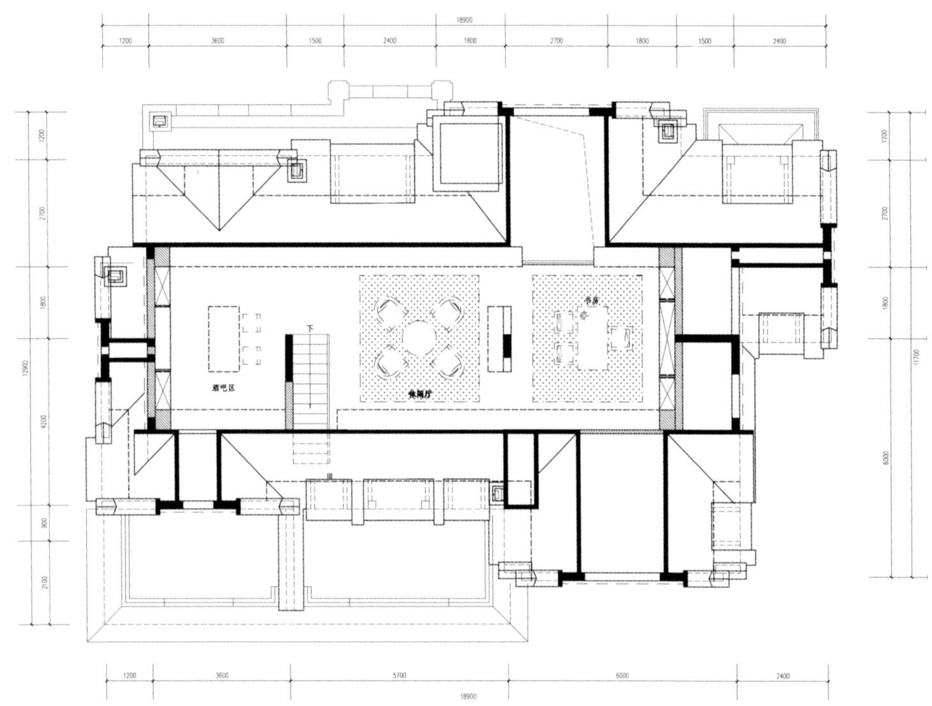

18900
1200
3600
1500
2400
1800
2700
1800
1500
2400
1200
2700
1800
12900
4200
900
2100
1200
2700
1800
11700
6000
下
酒吧区
休闲厅
书房
1200
3600
5700
6000
2400
18900

阁楼层平面布置图

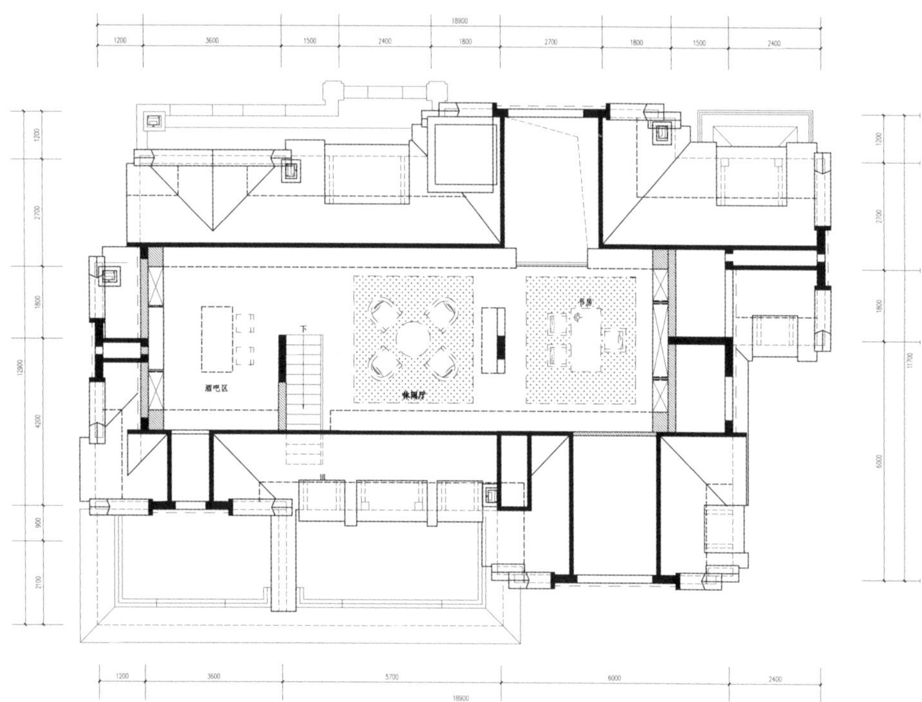

18900
1200
3600
1500
2400
1800
2700
1800
1500
2400
下
酒吧区
休闲厅
书房
5700
6000

阁楼层平面布置图